U0251805

垃圾分类
一起学

《垃圾分类一起学》编委会 编

中国环境出版集团·北京

zài hào hàn de yǔ zhòu zhōng yǒu yī kē wèi lán sè de xīng qiú
在浩瀚的宇宙中，有一颗蔚蓝色的星球，
zhè jiù shì wǒ men měi lì de jiā yuán dì qiú
这就是我们美丽的家园——地球。

近年来，地球环境深受垃圾污染的侵害，给我们的生活带来了很大影响，我们国家生活在城市、乡镇里的居民平均每人每天约产生将近四个大苹果那么重的生活垃圾（约0.69千克），我国一天产生生活垃圾约90万吨，随着城市化进程的加快和人民生活水平的提高，生活垃圾产生量仍在不断增长。垃圾正在占领我们的家园。

我们印象中千里冰封的北极，洁白的冰山现在已经蒙上了一层灰色，垃圾随处可见

北极熊面对着海里漂浮的垃圾皱着眉头，饥饿的它正在为自己的食物发愁。

广阔的田野中，一些有害垃圾会留在土壤里，腐蚀土地，危害庄稼，还散发出恶臭气味。

环保问题已经引起大家越来越多的关注，我们中国政府也出台了垃圾分类的政策法规以及各项规定来规范我们的行为举止，共同保护环境。

垃圾分类是指按相关规定或标准将垃圾分类储存、分类投放和分类搬运，从而转变成公共资源的一系列活动的总称。那么，该怎么给垃圾分类呢？

垃圾分类有几个主要的小伙伴，下面一起来听听他们的自我介绍吧...
快看，他们来啦！

dà jiā hǎo， wǒ shì lán sè de kě huí shōu wù lā jī
大家好，我是蓝色的可回收物垃圾
tǒng， wǒ jiào kě kě。
桶，我叫可可。

wǒ chī de dōu shì kě xún huán lì yòng de lā jī, bǐ rú bào zhǐ jìng zi yǐn liào
我 吃 的 都 是 可 循 环 利 用 的 垃 圾， 比 如 报 纸、 镜 子、 饮 料
píng yì lā guàn jiù yī fú jiù wán jù diàn zǐ fèi qì wù děng zhè xiē lā
瓶、 易 拉 罐、 旧 衣 服、 旧 玩 具、 电 子 废 弃 物 等， 这 些 垃
jī huì bèi sòng dào zài shēng zī yuán qǐ yè biàn chéng xīn de zī yuán
圾 会 被 送 到 再 生 资 源 企 业 变 成 新 的 资 源！

垃圾要尽量保持清空，大家要注意：体积大的垃圾的边角有一些尖锐的，污染我的时候要避免，还有，大家投喂我的时候要注意干燥，压扁、包好后再给我哦！

厨余垃圾
Kitchen waste

<ruby>大<rt>dà</rt></ruby><ruby>家<rt>jiā</rt></ruby><ruby>好<rt>hǎo</rt></ruby><ruby>啊<rt>ā</rt></ruby>，<ruby>我<rt>wǒ</rt></ruby><ruby>是<rt>shì</rt></ruby><ruby>绿<rt>lù</rt></ruby><ruby>色<rt>sè</rt></ruby><ruby>的<rt>de</rt></ruby><ruby>厨<rt>chú</rt></ruby><ruby>余<rt>yú</rt></ruby><ruby>垃<rt>lā</rt></ruby><ruby>圾<rt>jī</rt></ruby>（<ruby>也<rt>yě</rt></ruby><ruby>叫<rt>jiào</rt></ruby><ruby>易<rt>yì</rt></ruby><ruby>腐<rt>fǔ</rt></ruby><ruby>垃<rt>lā</rt></ruby><ruby>圾<rt>jī</rt></ruby>、<ruby>湿<rt>shī</rt></ruby><ruby>垃<rt>lā</rt></ruby><ruby>圾<rt>jī</rt></ruby>）<ruby>桶<rt>tǒng</rt></ruby>，<ruby>我<rt>wǒ</rt></ruby><ruby>叫<rt>jiào</rt></ruby><ruby>楚<rt>chǔ</rt></ruby><ruby>楚<rt>chǔ</rt></ruby>。

我只吃这些垃圾，它们都是厨房产生的，如菜叶、菜帮、剩饭、剩菜等。大家记住，在厨房产生的垃圾就交给我，这些厨余垃圾可以通过处理后变成我们生活中用得到的沼气、燃气等资源。

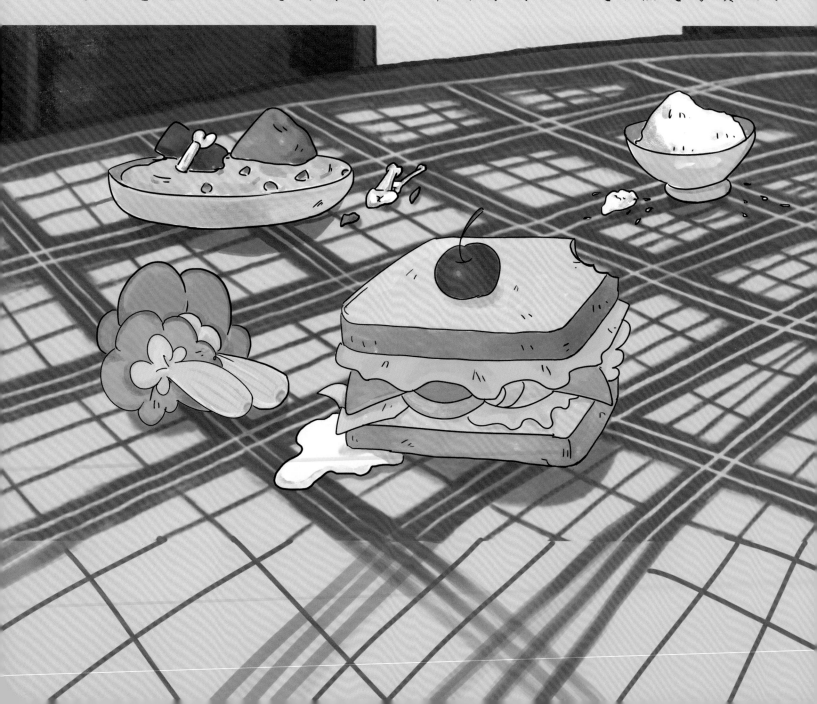

小朋友们把厨余垃圾喂给我的时候,一定要除去外包装并且沥干水分哦!

^{dà} ^{jiā} ^{hǎo} ^{wǒ} ^{shì} ^{huī} ^{sè} ^{de} ^{qí} ^{tā} ^{lā} ^{jī} ^{yě} ^{jiào} ^{gān} ^{lā} ^{jī}
大 家 好 ， 我 是 灰 色 的 其 他 垃 圾 （ 也 叫 干 垃 圾 ）

^{tǒng} ^{wǒ} ^{jiào} ^{qí} ^{qí}
桶 ， 我 叫 琪 琪 。

我吃的是其他类的垃圾，像保鲜膜、塑料袋、纸巾、大骨头、玉米核等都是我的食物。我吃下它们后，对它们进行处理就可以用来发电，还可以做成建筑材料。

小朋友们，投喂我的时候要注意，将零散的其他小垃圾们收集到一起，时刻保持我周围的整洁。

dà jiā hǎo, wǒ shì hóng sè de yǒu hài lā jī tǒng
大家好，我是红色的有害垃圾桶，
wǒ jiào hǎi hǎi
我叫海海。

小朋友们，一定要注意哦！看！我肚子里都是对水、人和环境有害的废物，比如废灯管、水银温度计、油漆、过期药品、化妆品等，对它们和人的身体和环境都有害。它们的处理还需要经过特殊的方法，这样才能保证我们的身体和环境不受这些有害垃圾的影响！

大家投喂我的时候，要温柔一点，轻拿轻放。易破碎的药品，小朋友们喂给我的时候，要避开我身旁。投放之后，也要记得投放我！垃圾及废弃物要连包装一起离开的！快点嬉戏玩耍可是很危险的！

小朋友们，学会了垃圾分类之后，就对垃圾进行分类处理，有了更有效的垃圾处理，污染变少了，北极熊不再受到污染的侵害，将来海洋会有更多的鱼儿，北极变得更美了，北极熊开心地笑了起来。

农田丰收，山林茂密，空气变得清新多了。我们的环境变得越来越美好！

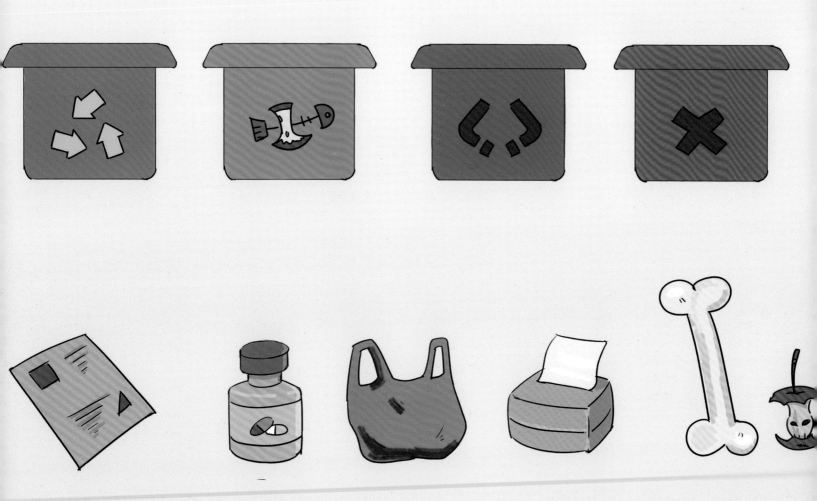

小朋友们，通过四位小伙伴的介绍，垃圾分类你准备好了吗？
垃圾要回家，请你帮助它！请小朋友们再来练一练，
把上面的垃圾和它应该去的垃圾桶用线连起来吧！

恭喜小朋友们，通过了垃圾分类的小考验！垃圾分类一小步，低碳生活一大步！小手拉大手，把你学到的知识也教给家人和朋友吧！还有更多的垃圾分类知识等你们一起学哦！现在我们就一起开始现实生活中的垃圾分类之旅吧！

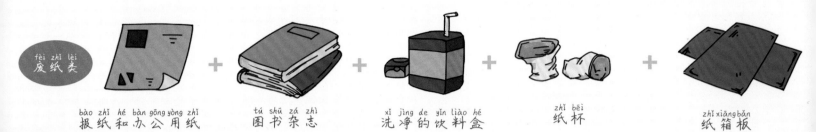

fèi zhǐ lèi 废纸类

bào zhǐ hé bàn gōng yòng zhǐ 报纸和办公用纸　＋　tú shū zá zhì 图书杂志　＋　xǐ jìng de yǐn liào hé 洗净的饮料盒　＋　zhǐ bēi 纸杯　＋　zhǐ xiāng bǎn 纸箱板

jīn shǔ lèi 金属类

guàn tóu hé 罐头盒　＋　yì lā guàn 易拉罐

sù liào lèi 塑料类

sù liào yǐn liào píng 塑料饮料瓶　＋　sù liào cān hé 塑料餐盒　＋　pào mò sù liào 泡沫塑料　＋　xǐ jìng de suān nǎi bēi 洗净的酸奶杯

bō li lèi 玻璃类

jìng zi 镜子　＋　bō li guàn zi 玻璃罐子　＋　píng bǎn bō li 平板玻璃

kě huí shōu wù lā jī tǒng 可回收物垃圾桶　→　zài shēng zī yuán huí shōu chē 再生资源回收车　→　zài shēng zī yuán huí shōu qǐ yè 再生资源回收企业

cài bāng cài yè
菜帮菜叶

shèng cài shèng fàn
剩菜剩饭

guā guǒ pí hé
瓜果皮核

dàn ké
蛋壳

dòng wù nèi zàng hé jī gǔ yú cì
动物内脏和鸡骨鱼刺

pén jǐng děng zhí wù de cán zhī luò yè
盆景等植物的残枝落叶

chú yú lā jī tǒng
厨余垃圾桶

chú yú lā jī chē
厨余垃圾车

shēng huà chù lǐ chǎng
生化处理厂

bǎo xiān mó
保鲜膜

táo cí píngguàn
陶瓷瓶罐

wèi shēng zhǐ zhǐ jīn
卫生纸、纸巾

jiān guǒ ké
坚果壳

dà gǔ tóu
大骨头

yān tóu
烟头

pò wǎn dié
破碗、碟

yī cì xìng cān jù
一次性餐具

jiāo dài
胶带

fù nǚ wèishēngyòng pǐn
妇女卫生用品

qí tā lā jī tǒng
其他垃圾桶

qí tā lā jī yùn shū chē
其他垃圾运输车

fén shāo chù lǐ chǎng
焚烧处理厂

wèi shēngtián mái chǎng
卫生填埋场

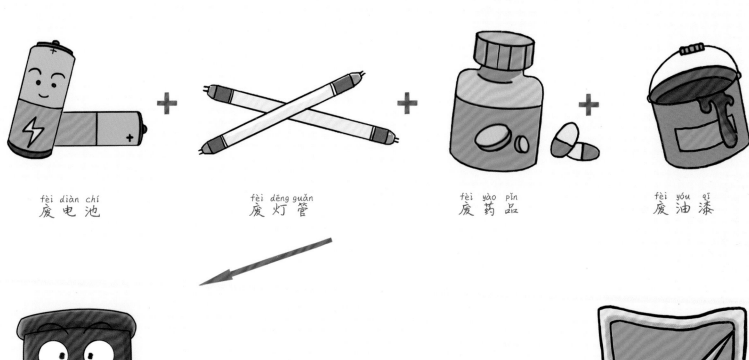

fèi diàn chí	fèi dēng guǎn	fèi yào pǐn	fèi yóu qī
废电池	废灯管	废药品	废油漆

yǒu hài lā jī tǒng
有害垃圾桶

yǒu hài lā jī yùn shū chē
有害垃圾运输车

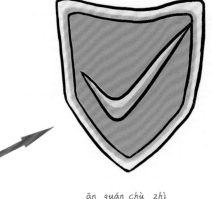

ān quán chù zhì
安全处置

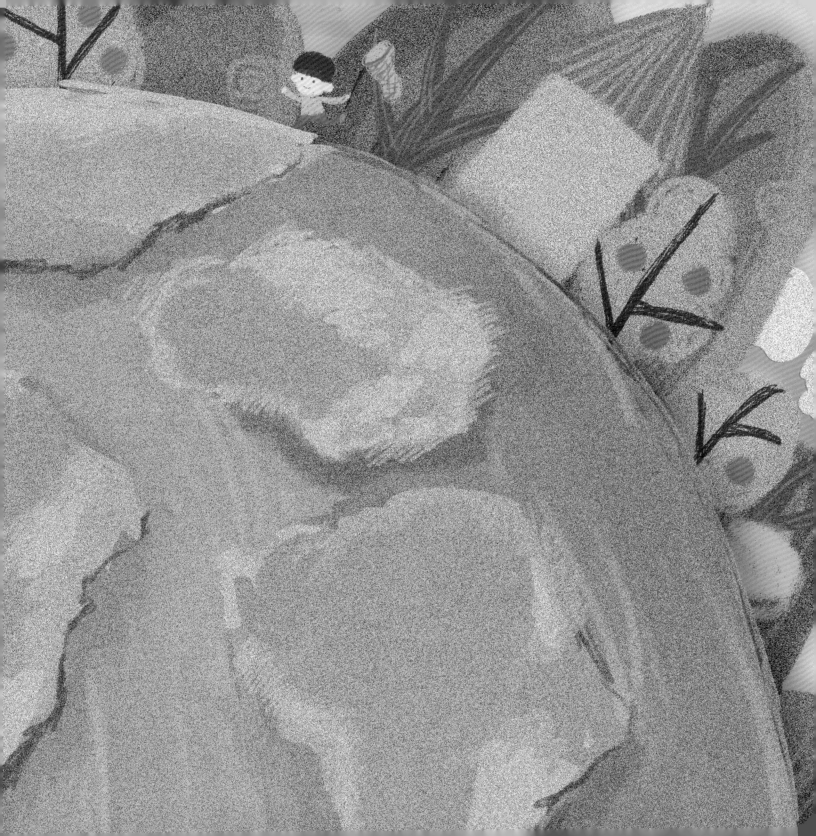

其他垃圾
Other waste

有害垃圾
Harmful waste

编委会

主　　编：李　瑾

副 主 编：张欣然　宋　秒　王　洁　常胜越　许冬梅

编委会成员：廊坊市科学技术协会

廊坊亦拓信息科技有限公司

廊坊蜂海科技有限公司

漫画创作：周昕霖　侯欣玥　倪浩童　刘春阳　王春芳

孟繁睿　刘奕浓　胡天蓉　吴沐丁

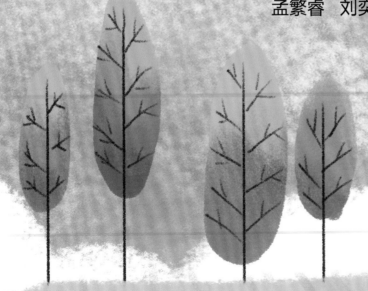